大小貓熊

柠陸木一 編繪

你不知道的動物小祕密

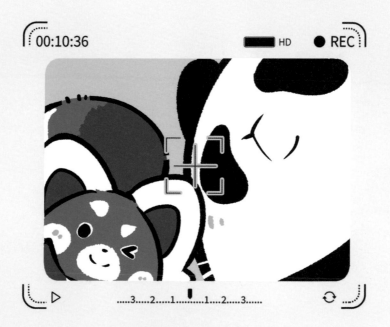

.....3....2....1....1....2....3......

目錄
CONTENTS

第一章
關於「貓熊」你不知道的事

大小貓熊之洗澡

太麻煩了，下次
洗冷水澡吧！

水位

大貓熊——黑眼圈

許多人會覺得大貓熊的「黑眼圈」非常可愛。

那麼「黑眼圈」是來賣萌的嗎？當然不是。

大貓熊的「黑眼圈」不是賣萌也不是偽裝，而是為了同類之間的交流。

在大貓熊眼中，「黑眼圈」的形狀和大小差異很大，這能夠幫助大貓熊識別同類。

在注視另一個競爭對手時，大貓熊甚至能放大自己的「黑眼圈」。

雖然人類覺得「黑眼圈」可愛，但大貓熊卻覺得自己超凶。

大凶熊出沒

注意危險

當牠們不
想讓自己看起
來那麼凶時，
就會用爪子蓋
住自己的「黑
眼圈」。

大小貓熊之惡夢

面膜?!

動物小科普
小貓熊——愛乾淨

雖然名字是『小貓熊』，但牠與貓和熊都沒什麼關係。

不過和大多貓科動物一樣的是：非常愛清潔。小貓熊的一天是從「清洗」皮毛開始的。

在生產後，小貓熊媽媽會把寶寶們舔乾淨。

一週後，小貓熊媽媽會更常在巢穴外活動，但每隔數小時就會回去照顧並「清洗」寶寶。

小貓熊媽媽會頻繁地把寶寶在數個巢穴之間轉移，並把所有巢穴都保持地一樣整潔。

小貓熊生氣的時候會發出「嘶嘶」的氣聲，這是牠與貓的相似點。

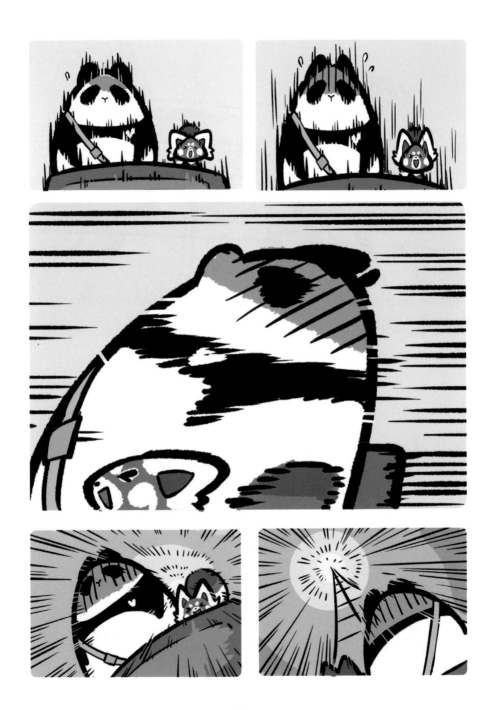

再來一次。

動物小科普

大小貓熊——共同點

雖然都叫「貓熊」，但小貓熊與大貓熊並沒有同物種的關係。

沒什麼關係的大小貓熊因為『食譜』相似，都進化出了方便抓握竹子的『偽拇指』。

大貓熊和小貓熊的消化系統都不適合消化纖維素，因此牠們必須進食大量竹子維生。

由於飲食中可獲取的養分和熱量太低，每天要花大量時間進食。

除吃飯和睡覺外，牠們很少做其他事情。

大小貓熊之鍛錬

拿不下來了……

咋！

鍛鍊

飲食控制

咔!

小貓熊具有領域行為，除繁殖季節外，大多為獨居。

黃昏到黎明是其主要活動期。

即使在繁殖期，同群的雄性之間也能和睦相處。

不過，在發現其他群的雄性進入自己領地時，雄性小貓熊就會變得異常凶猛，直到把入侵者趕出去為止。

第一章 關於「貓熊」你不知道的事
大小貓熊之感冒

大小貓熊之糖葫蘆

大小貓熊——瀕危等級

大貓熊在《中國瀕危動物紅皮書》等級中，被評為瀕危動物，是中國國寶。

　　2016 年末，國際自然保護聯盟將大貓熊的受威脅等級從「瀕危級」降為「易危級」。

EX	EW	CR	EN	VU	NT	LC
滅絕	野外滅絕	極危	瀕危	易危	近危	無危

而小貓熊已被國際自然保護聯盟歸為「瀕危物種」。

大貓熊被譽為生物界的活化石，小貓熊則是小貓熊科和小貓熊屬中現在還存活的動物。

大貓熊和小貓熊是真「活寶」。

第二章
不好惹的鼬科動物

總覺得在哪兒見過……

噗 噗 噗……

好孩子不要學習。

狗獾

哺乳動物，食肉目鼬科。

雜食性動物，以植物根、莖、果實和蛙、蚯蚓、昆蟲等為食。

夜行動物，在北方居住的獾還會冬眠。

群居生活，以前的瓜田經常有獾出沒。和大貓熊、小貓熊交換水果的獾，是這群獾的頭領。

（所以瓜田主人說的服裝來自……）魯迅小說《故鄉》中出場，被稱為猹。

晚上的瓜田

蜜獾平頭哥

動物小科普
蜜獾

　　蜜獾，外號平頭哥。鼬科、蜜獾屬下唯一一種動物，分布於非洲、西亞及南亞。

雄雌間的體型差異甚大，雄性的體重有時是雌性的二倍。

雌蜜獾體重約五至十公斤，雄蜜獾的體重約九至十四公斤。

好居於開闊草原和熱帶雨林，嗜食蜂蜜。許多蜂蜜製造廠商為防止蜜獾破壞蜂箱，除開槍射殺外，也會使用毒藥。

蜜獾因為膽子大、無所畏懼而聞名。導致世界上願意收容蜜獾的動物園屈指可數。還以「世界上最無所畏懼的動物」被收錄在《金氏世界紀錄大全》中數年。

蒙眼貂

蒙眼貂，又名雪貂、地中海雪貂。

「雪貂」一詞常常讓人誤會寵物貂是全白色，但其實全白的蒙眼貂是非常少見的。

蒙眼貂最初被馴養的原因不明，有可能與打獵有關。目前是頗受歡迎的寵物之一。

在一些出現兔患的國家，現在仍有使用蒙眼貂來狩獵，但有些國家已禁止這種狩獵方式，因為這樣可能會破壞生態平衡。

動物小科普

蒙眼貂——工作

蒙眼貂現在是很受歡迎的寵物，但牠可勝任的工作卻不止於此。

羅馬帝國時代，蒙眼貂會幫助人類打獵。由於牠們細長的身體以及好奇的本性，很適合進入洞穴中逼嚙齒動物離開巢穴。

蒙眼貂也被多個地區用於控制兔患，以及保護農作物。

在倫敦等地也有利用蒙眼貂來鋪設電線及電纜的情況，在紐西蘭甚至有蒙眼貂註冊為電工助手。

另外，蒙眼貂也是研究流感的重要實驗物種，也被用來研究豬流感。

動物小科普
蒙眼貂——習性

　　蒙眼貂每天約有十四至十八個小時在睡覺，在黎明及黃昏時最為活躍。

牠們平均長 51 公分(包括長約 13 公分的尾巴)，重約 0.7 ～ 3 公斤，雄貂體型明顯比雌貂大。三個月就可獨立生活，平均壽命為八歲。

　　牠們喜歡挖巢穴，喜歡群居，大部分的雪貂都能在社交圈中和平快樂的相處。

　　雪貂是肉食性的，最好準備含有高蛋白質營養的肉類乾飼料。

　　蒙眼貂需要不停地補充食物。因為牠們的消化系統短，身體代謝很快。

第三章
愛吃肉的貓科動物

捕 獵

動物小科普
獅──獅群

　　一個獅群可以由 3 ～ 50 隻獅組成。獅群是以雌性為主的群體，雌性終其一生不會離開獅群。

而雄獅可能會因為年齡或是受到外來雄獅挑戰而離開群體。

　　一個獅群中一般只有一隻成年的雄獅，但較大的獅群可能有多隻成年雄獅。

　　為了防止雄獅挑戰生父的獅王地位，雄獅通常在成年時（約三歲）就會被驅逐。

動物小科普
獅——食譜

獅子位於草原食物鏈頂端，牠們的獵物有……

獵物被捕獲後按群內地位的高低進食：首先是雄獅，然後是地位最高的雌獅，幼獅最後。

往往會因此產生獅群內部的地位爭端，這樣的爭鬥往往會導致受傷。

牠們也會食腐；有時也會搶奪其他食肉動物的食物，如獵豹或鬣狗的獵物。

獅——獅群分工

獅群中，雌獅雄獅的分工不同。雌獅主要負責獵食、餵養小獅子。

雄獅主要負責巡邏地盤，保護獅群。還會與其他獵食者對抗（如豹、斑鬣狗，甚至鱷魚）以維護獅群在食物鏈中的地位。

雄獅只在牠們年輕時，鬃毛還沒有完全成熟時狩獵。

成年後深色的鬃毛比較容易被獵物發覺，因此不太容易獲得成功。

如果要捕捉大型的獵物，力量比較強的雄獅也會和雌獅一起參與獵殺。

獅——鬃毛

　　獅是非洲頂端的食肉動物，也是世界上唯一一種雌雄兩態的貓科動物。

雄獅有很長的鬃毛，顏色有淡棕色、深棕色、黑色等，一直延伸到肩部和胸部，屬於第二性徵。

雄獅的鬃毛顏色與睪丸激素相關，深黑色的鬃毛對雌獅的吸引力要遠高於淡色系的鬃毛。

雌獅也可以生長鬃毛展現雄獅的特質，這種情況不常見，目前原因不明。

獅——獅虎環境

　　被人稱為萬獸之王的獅子，現存中是和老虎並列的兩大貓科動物，是豹屬之中著名的一種。

其他著名的豹屬大型貓科動物有：豹、美洲豹、雪豹。

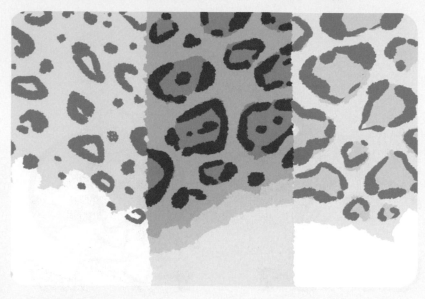

　　同樣被人稱呼為萬獸之王的還有老虎，虎是典型的山地林棲動物。而獅比較喜歡草原，也在旱林和半沙漠中出現。獅、虎是不同環境中的「王」。

獅　　　　　　　虎

動物小科普

貓——黑貓、玄貓

　　西方文化中黑貓被視為不祥之物，中華文化中黑貓則是能驅邪的吉祥之物。

　　黑貓泛指毛色通身黑色的貓。古書記載黑貓為鎮宅、辟邪、招財之物。

　　而玄貓是鎮宅辟邪的寶貓，古代富貴人家熱衷玄貓。

　　但不是所有的黑貓都是玄貓，黑而有赤色者為玄，赤為紅。

　　所以全身黑色毛，陽光下略顯紅褐色的貓才是玄貓。

動物小科普
貓——忌口

　　貓是現在世界上最普遍的寵物之一。而對於貓的飲食，你有多少了解？

很多貓都有乳糖不耐症，含乳糖的牛奶對這些貓而言算是瀉藥。

很多貓對穀物過敏，因此市售貓糧多半是無穀物的。

貓會被巧克力的香味吸引，但是人類食用的巧克力對貓是有毒的，食用過量會致命。

噗！

動物小科普

白虎

虎是世界上最廣為人知的動物之一，具有明顯特徵的毛色。

有種毛色特殊的虎，叫
孟加拉白虎。

孟加拉白虎是孟加拉虎
的一種變種。由於基因突變
導致原本的毛色由橙黃色底
黑色條紋轉變成白底黑紋。

孟加拉白虎經常被誤解成患上白化症的虎，其實不
然，真正患上白化症的老虎身上不會有條紋。

第四章
長翅膀的飛行動物

動物小科普

蝙蝠——吃

　　有的蝙蝠吃昆蟲，有的吃水果。雖然「菜單」不同，但胃口都一樣好。

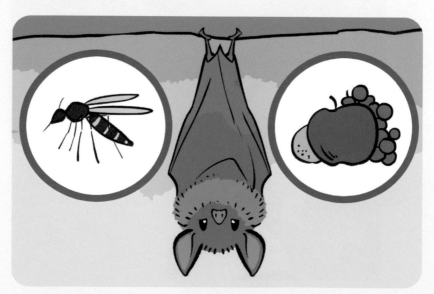

一些吃水果的蝙蝠甚至能吃下自己體重 3 倍的食物。

食蟲的蝙蝠也不差，牠們能在一小時裡吃掉六百隻蚊子。

不僅吃得多，蝙蝠吃飯速度也很快，一般只會出去覓食兩小時就回家了。

速食 大胃王

蝙蝠——修復能力

蝙蝠選擇飛行後獲得了一種特殊的能力：DNA 損傷修復。

　　為適應相當耗能量的飛行生存方式，蝙蝠和同樣大小的其他哺乳動物相比，代謝率要高很多。

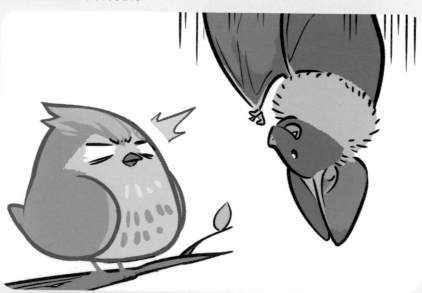

代謝提高會對機體產生各種各樣的損傷，這是導致衰老和疾病的一個重要因素。

為了對抗這一狀況，蝙蝠進化出了超強的 DNA 損傷修復能力，這個能力在抑制病毒複製方面有顯著的作用。

這就是蝙蝠攜帶很多致命病毒，壽命卻很長也很少得癌症的原因。

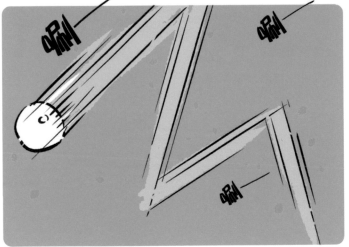

動物小科普

蜜蜂

一隻女王蜂，少量雄蜂，眾多工蜂，就構成了一個完整的蜂群。

其中女王蜂和工蜂是雌性，只有雄蜂是雄性。

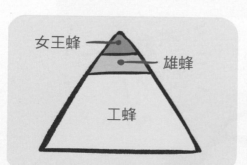

工蜂雖然和女王蜂同為雌性，但工蜂不具生育能力，且地位最低。

剛羽化的年輕工蜂是『保育蜂』，主要職責是飼養幼蟲。

海鷗

海鷗，是最為普遍的海鳥，是鳥綱鴴形目的一個科。

　　牠們不挑食，算得上是來者不拒。以各種小魚、甲殼類動物、海濱昆蟲等生物為食，有時也掠食鳥類的卵和幼雛。

也很喜歡偷搶人類的食物，這也是牠們惡名昭彰的原因。

用「會飛的老鼠」來形容海鷗十分貼切。

第五章
不怕冷的極圈動物

海豹——象（鼻）海豹

　　海豹是紡錘體型、四肢特化成鰭狀的哺乳類動物，頭圓頸短，沒有外耳廓。

因為牠們的臉部長的像貓從而得名，以區別於鰭足亞目其他兩個科（海獅科、海象科）的動物。

　　最大的海豹是象（鼻）海豹，這種海豹的雄性有一個鼻囊，可以自由伸縮，也因此而得名。

海豹通常是「一夫多妻」，年輕體壯的雄海豹往往有較多的配偶。

在發情期，雄海豹便開始追逐雌海豹，一隻雌海豹後面往往跟著數隻雄海豹。

雄海豹之間不可避免地發生爭鬥，牠們會用牙齒狠咬撕扯對方毛皮，導致鮮血直流。

戰鬥結束，勝利者會和雌海豹一起下水，在水中交配。而失敗的海豹只能另尋屬於自己的「妻子」。

179

北極兔屬於群居動物，一個族群的數量為 20 ～ 300 隻不等。

　　北極兔除了用肢體語言來溝通外，也依靠鼻子聞嗅確認環境中的各種訊息，牠們也會留下特殊的嗅覺記號讓同伴辨認。

但最重要的溝通方式還是靠牠們的好聽力。北極兔的耳朵根據不同的位置與姿勢，能傳達出不同的訊息。

北極兔的耳朵較小，是為了在寒冷的環境下減少失溫，但牠們的聽力沒有跟著耳朵變小退化。

北極兔——毛色

　　北極兔是一種適應了北極和山地環境的兔子，曾被視為雪兔的亞種。

　　北極兔形體比家兔大，耳朵和後肢都比較小，腳掌較大，身體肥胖，尾巴短。

夏季時，北極兔的身體背面呈淺灰色，頸部、胸腹部呈藍色；冬季，牠們的毛從根部起全變為白色，但耳尖為黑色。

不過尾巴的部分則是全年都是白色的。

北極兔以苔蘚、樹根等食物為食，但偶爾也會吃肉。

牠們會先聞出食物的所在地，然後用爪子挖出食物。也會挖出可以儲藏食物的地洞。

北極兔每年只能產一窩，每窩只有兩到五隻。雖然繁殖能力並不強，但幼兔存活率高。

北極兔的寶寶一出生就可以看到東西。而家兔的寶寶出生後眼睛還是緊閉的，要到十二天後才能睜眼看東西。

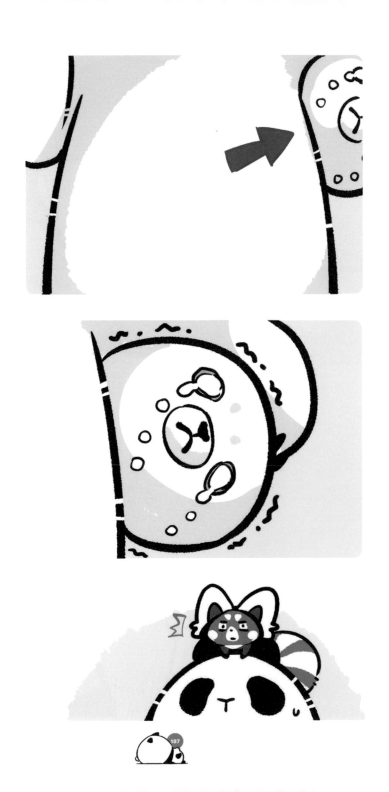

187

北極熊喜歡肉食，習慣獨處。靠著潛行、偷襲和壓倒性的力量捕食。

北極熊的毛色為牠們提供了極好的偽裝。雖然也被叫作「大白熊」，但北極熊的毛不是純白色的，而是透明中空的。

這種中空的毛防水隔熱，在寒冷的極地生存十分有利。

而在透明毛髮下的皮膚是黑色的。所以「大白熊」其實是「大黑熊」。

碰！

哈 哈 哈！

動物小科普
北極狐——食譜

北極狐的食物包括旅鼠、魚、鳥類與鳥蛋、漿果和——

北極兔！

　　北極狐有時也會漫游海岸捕捉貝類動物，但主食還是旅鼠。

　　在食物稀缺的時候，牠們還會偷偷跟在北極熊後面。

等北極熊飽餐離開後，上前撿「殘羹剩飯」吃。

動物小科普

北極狐──黑白毛

　　北極狐別名雪狐或白狐，因為牠們冬天毛色為雪白色，僅無毛的鼻尖是黑色。

　　但牠們的雪白毛色僅在寒冷的冬季出現。春天到夏天會逐漸轉變為接近黑色的深灰色。

　　為了適應在冰雪地上行走，北極狐的腳底毛特別厚。

　　體型上，北極狐略小於赤狐。

冰

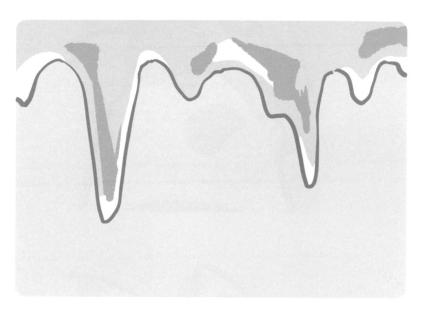

冬 眠

咕嚕一

不會冬眠

動物小科普
海豹——環海豹

環海豹，又稱帶紋海豹。主要出沒於北極地區的寒冷海域。

環海豹因為特殊的皮毛花紋而頗具辨識度。雄性身上黑白分明，而雌雄就相對地沒有那麼明顯的對比。

新生的環海豹身上是白色的乳毛。換毛以後，牠們的背部轉為藍灰色，腹部則帶有銀色的光澤。

隨著長大，牠們的黑白色的皮毛會愈發明顯。

番外篇
大小貓熊的生活觀察日記

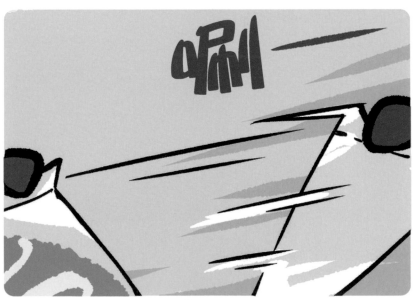

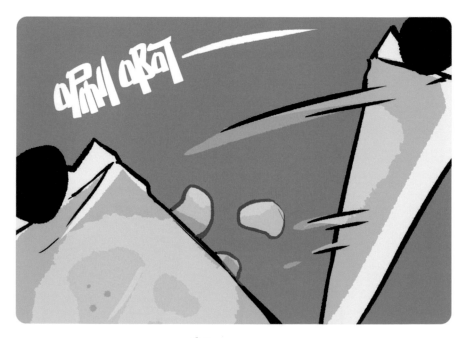

沙 拉

包裝袋

　　洋芋片之類的各種零食包裝袋，在生活中十分常見。最近網絡上出現了使用包裝袋隔水加熱食材的影片，這樣做安全嗎？

　　洋芋片等零食包裝袋主要是 BOPP（雙向拉伸聚丙烯薄膜）、VMCPP（流延聚丙烯鍍鋁膜的一種）複合材料，具有防潮、耐油、隔氧、遮光等特性。

　　但畢竟是聚合物材料，不耐高溫，高溫狀態下還會釋放有害物質。

　　泡麵袋子的材質也是相似的原料，盡量不要用袋子來直接泡麵。

223

小科普

風箏

　　風箏起源於中國，有悠久的歷史。古代稱之為「鷂」，北方謂之「鳶」。

　　晚唐，人們在紙鳶上加哨子，其鳴如箏如琴，所以也稱為「風箏」或「風琴」。現代以風箏作為統稱，包括沒有哨子的紙鳶。

中國傳統的風箏一般分為三大類：軟翅風箏、硬翅風箏、板子風箏。

開封、北京、天津、濰坊、南通、陽江並稱為中國六大傳統風箏產地。而中國最大的風箏產地在山東的濰坊，被譽為「世界風箏之都」。

我們後會有期！

大小貓熊：你不知道的動物小祕密

作　　者：狩陸木一
企劃編輯：王建賀
文字編輯：詹祐甯
設計裝幀：張寶莉
發 行 人：廖文良

發 行 所：碁峰資訊股份有限公司
地　　址：台北市南港區三重路 66 號 7 樓之 6
電　　話：(02)2788-2408
傳　　真：(02)8192-4433
網　　站：www.gotop.com.tw
書　　號：ACV045900
版　　次：2022 年 11 月初版
建議售價：NT$300

國家圖書館出版品預行編目資料

大小貓熊：你不知道的動物小祕密 / 狩陸木一原著. -- 初
　版. -- 臺北市：碁峰資訊, 2022.11
　　面；　　公分
　　ISBN 978-626-324-346-0(平裝)
　　1.CST：動物學　2.CST：通俗作品
380　　　　　　　　　　　　　　　　　　　　111016834

讀者服務

● 感謝您購買碁峰圖書，如果您對本書的內容或表達上有不清楚的地方或其他建議，請至碁峰網站：「聯絡我們」\「圖書問題」留下您所購買之書籍及問題。(請註明購買書籍之書號及書名，以及問題頁數，以便能儘快為您處理)
http://www.gotop.com.tw

● 售後服務僅限書籍本身內容，若是軟、硬體問題，請您直接與軟、硬體廠商聯絡。

● 若於購買書籍後發現有破損、缺頁、裝訂錯誤之問題，請直接將書寄回更換，並註明您的姓名、連絡電話及地址，將有專人與您連絡補寄商品。